BEI GRIN MACHT SICH IHR WISSEN BEZAHLT

- Wir veröffentlichen Ihre Hausarbeit, Bachelor- und Masterarbeit

- Ihr eigenes eBook und Buch - weltweit in allen wichtigen Shops

- Verdienen Sie an jedem Verkauf

Jetzt bei www.GRIN.com hochladen und kostenlos publizieren

Jan Hoppe

Nichtlineare Bauelemente - Protokoll zum Versuch

GRIN Verlag

Bibliografische Information der Deutschen Nationalbibliothek:

Die Deutsche Bibliothek verzeichnet diese Publikation in der Deutschen National-
bibliografie; detaillierte bibliografische Daten sind im Internet über http://dnb.d-
nb.de/ abrufbar.

Impressum:

Copyright © 2008 GRIN Verlag GmbH
Druck und Bindung: Books on Demand GmbH, Norderstedt Germany
ISBN: 978-3-640-97831-1

Dieses Buch bei GRIN:

http://www.grin.com/de/e-book/176473/nichtlineare-bauelemente-protokoll-zum-
versuch

Protokoll zum Versuch: GV Nichtlineare Bauelemente (16.05.08)

1. Ziel

Mehrere elektronische Bauelemente werden anhand von Strom-Spannungskennlinien (und auch anderen Kennlinien) untersucht.

2. Theoretische Grundlagen

Alle in diesem Versuch untersuchten Bauelemente haben zwei Pole. Der Strom, der in denen einen Pol fließt, kommt aus dem anderen wieder heraus. Über den Zusammenhang $I = f(U)$ beschrieben werden. Die zugehörige Größe ist der Widerstand $R = \frac{U}{I}$. In den meisten Fällen hängt er von dem Strom oder der Spannung ab, sich also nicht linear verhält.

Der Kehrwert der Steigung einer Strom-Spannungs-Kennlinie wird als differentieller Widerstand bezeichnet: $r = \frac{\Delta U}{\Delta I}$.

Bei den meisten Bauteilen lässt sich eine Temperaturabhängigkeit des Widerstandes beobachten. Bei ohmschen Widerständen gilt als Näherung $R = R_{20}(1 + \alpha\Delta\vartheta)$, wobei R_{20} für den Widerstand bei 20°C steht, α für den Temperaturkoeffizienten des Bauteils und $\Delta\vartheta$ für die Temperaturerhöhung relativ zur Ausgangstemperatur 20°C.

Bei NTC-Widerständen, auch Heißleiter genannt, ist der negative Temperaturkoeffizient sehr groß. Bei hohen Temperaturen leiten sie daher deutlich besser als bei niedrigen. Grund sind die Materialien aus denen sie gemacht sind, da diese mit steigenden Temperaturen immer mehr Elektronen „freigeben", somit leitend werden.

Genau umgekehrt funktioniert der PTC-Widerstand. Ausgehend von der Zimmertemperatur sinkt der Widerstand zunächst etwas, steigt dann aber rapide an. Hier werden bei steigenden Temperaturen Sperrschichten ausgebildet, die die Leitfähigkeit herabsetzen. Bei kleinen Strömen wird die Temperatur des PTCs durch die Umgebung festgelegt (Fremderwärmung). Fließen größere Ströme, beginnen diese, den PTC zu erwärmen, was auch als Eigenerwärmung bezeichnet wird.

Zenerdioden verhalten sich in Durchlassrichtung wie normale Dioden. Ab einer Spannung von 0,6V wird die durch Diffusionsspannung gebildete Sperrschicht überwunden und die Diode wird leitend. In Sperrrichtung betriebene Zenerdioden zeigen einen ähnlichen Effekt. Sobald die Zenerspannung erreicht wird, lösen sich Elektronen aus ihrer Bindung und stehen dem Ladungstransport zur Verfügung, was die Zenerdiode abrupt leitend werden lässt.

Suppressordioden zeigen in Sperr- und Durchlassrichtung das gleiche Verhalten wie eine Zenerdiode in Sperrrichtung.

3. Fehlerrechnung

Zur Messung von Strom und Spannung wurden zwei digitale Messgeräte verwendet. Die angegebenen Fehler betragen für die Spannung 0,25% + 1 Digit und für den Strom 0,75% + 1 Digit.

Aus diesen Angaben lässt sich der Fehler nach der Formel $F = \frac{k \cdot M}{100} + z \cdot l$ berechnet werden. Dabei steht k für die Genauigkeitsklasse in %, M für den gemessenen Wert, z für die Anzahl der Digits und l für die Auflösung der Digitalanzeige (die kleinste in diesem Messbereich anzeigbare Wertänderung).

Andere Fehler, z.B. für den Widerstand, wurden nach der Fehlerfortpflanzung nach Gauß berechnet: $\Delta G = \sqrt{(\frac{\partial G}{\partial X_1} \Delta X_1)^2 + (\frac{\partial G}{\partial X_2} \Delta X_2)^2}$.

4. PTC

Ein PTC mit einem 10Ω Vorwiderstand wurde an eine Spannungsquelle angeschlossen. Die Spannung wurde in kleinen Schritten erhöht und, sobald sich ein Gleichgewicht eingestellt hat, der zugehörige Strom notiert. Der zugehörige Graph zeigt folgende Entwicklung an:

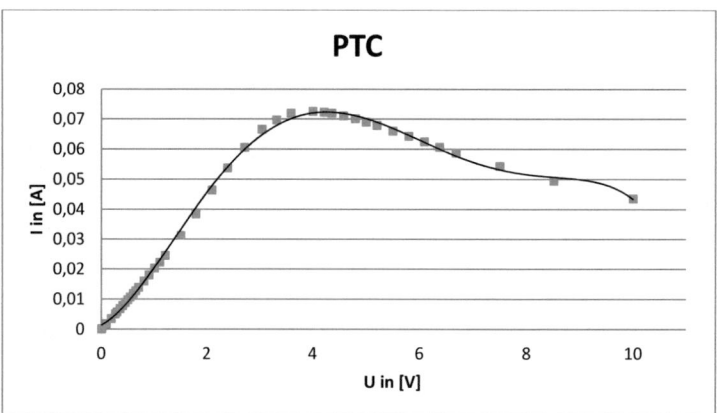

Die Trendlinie ist mit einem Polynom nachgestellt worden, wobei der Bereich vor und nach dem Maximum relativ gut zu den Werten passt (ab ca. 6V ist die Abweichung jedoch erheblich). Das Polynom ist

$$I(x) = -2 \cdot 10^{-7}x^5 + 0,0004x^4 - 0,002x^3 + 0,012x^2 + 0,012x$$

(Das x steht immer für die Spannung.) Leitet man diese Funktion ab, so erhält man den Leitwert

$$g(x) = \frac{dI(x)}{dx} = -10 \cdot 2^{-7}x^4 + 0,0008x^3 - 0,012x^2 + 0,024x + 0,012$$

Der Kehrwert des Leitwerts bildet den differentiellen Widerstand *r*.

Um Genauigkeit des Polynoms zu vergleichen, seien hier zusätzlich zu dem differentiellen und „normalen" Widerstand, noch der errechnete und gemessene Strom dargestellt.

Spannung in [V]	gemessener Strom in [A]	errechneter Strom in [A]	gemessener Widerstand in [Ω]	differentieller Widerstand in [Ω]
1	0,0203	0,0202	49,5	40,3
2	0,0438	0,0432	46,3	54,4

Man kann erkennen, dass der Widerstand sich bei dem Sprung von 1V auf 2V nur ein wenig verringert hat, wobei der differentielle Widerstand bei der gleichen Potentialdifferenz erheblich gestiegen ist.

Aus diesen Daten lässt sich schließen, dass sich der Widerstand bei niedrigen Spannungen (und damit auch niedrigem Strom, bzw. niedriger Leistung) weniger stark ändert als bei hohen.

Dieses Phänomen, das die Steigung des Widerstandwerts bei 1V kleiner ist als bei 2V, ist, wenn auch nur undeutlich, in der folgenden Darstellung zu erkennen.

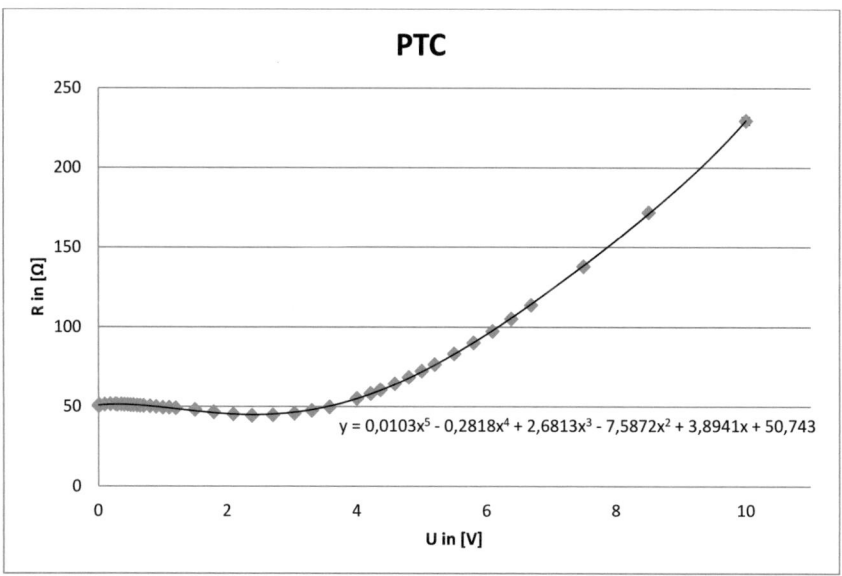

Man kann deutlich sehen, dass der Widerstand vorerst sinkt und dann stark ansteigt. Der PTC muss folglich bei höheren Temperaturen freie Ladungsträger binden, wodurch der Widerstand erhöht wird.

Die Fremderwärmung geht, wie man aus beiden Graphen erkennen kann, bis ca. 4V. Für Spannungswerte die größer sind, beginnt der Strom den PTC so aufzuheizen, dass sich die Widerstandswerte anfangen erheblich zu ändern und der Strom stark begrenzt wird.

5. NTC

Auf die gleiche Weise (nur mit einem 33Ω Widerstand) wurde der NTC vermessen. (Es konnte keine Trendlinie eingestellt werden, die den Verlauf ausreichend genau darstellen würde. Dieses Problem besteht auch bei einigen noch folgenden Graphen. Es wurden aber immer genug Messpunkte aufgenommen, so dass der Verlauf auch ohne Trendlinie ersichtlich ist.)

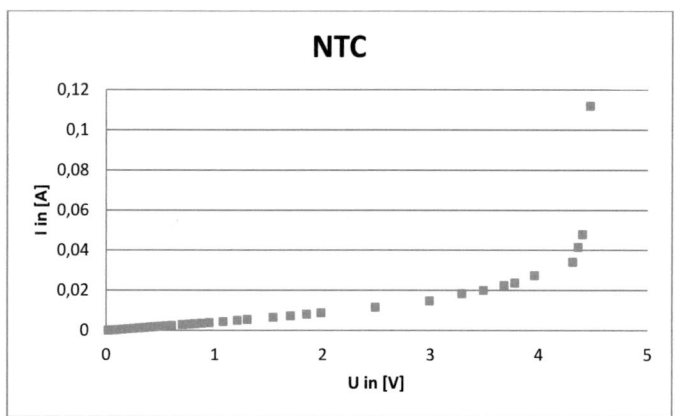

Man sieht, dass der Strom zunächst linear mit der Spannung ansteigt, dann einen Schwellenwert erreicht, der den Stromfluss in die Höhe schnellen lässt. Grund sind die Ladungsträger, die bei höheren Temperaturen freigesetzt werden.

Der Grund lässt sich in dem Leistung-Spannung-Diagramm erkennen.

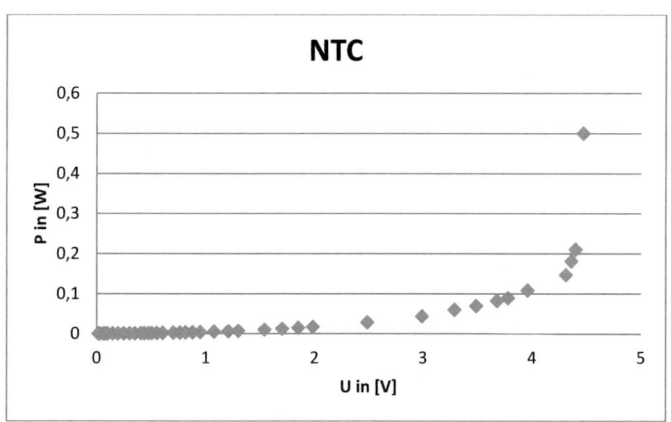

Zunächst wird in dem NTC kaum Leistung umgesetzt. Erst ab ca. 2V wird sie größer, aber erst nach 4V wird der NTC durch die Leistung so belastet, das er sich stark erwärmt, folglich der Widerstand stark sinkt und das Bauelement gut leitend wird.

6. Lampe

Auch für eine Glühlampe mit 33Ω Vorwiderstand wurde die Spannung schrittweise erhöht und die zugehörige Spannung notiert. Bei der Darstellung wurde für beide Achsen eine logarithmische Skalierung gewählt, um die Art der Entwicklung deutlich zu machen.

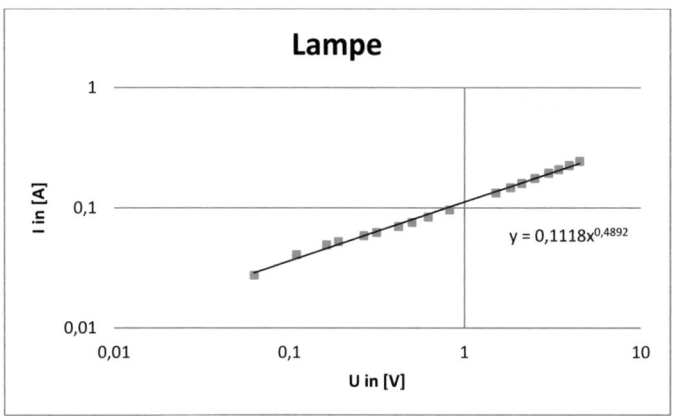

Anders als bei einem ohmschen Widerstand verhält sich die Strom-Spannungs-Kennlinie des Materials eines Glühfadens wie eine Potenz. Bei einem ohmschen Widerstand hätte man eine nahezu lineare Entwicklung erwartet.

Dass sich der Widerstand wirklich ändert, sieht man besonders gut an der Widerstand-Leistung-Darstellung:

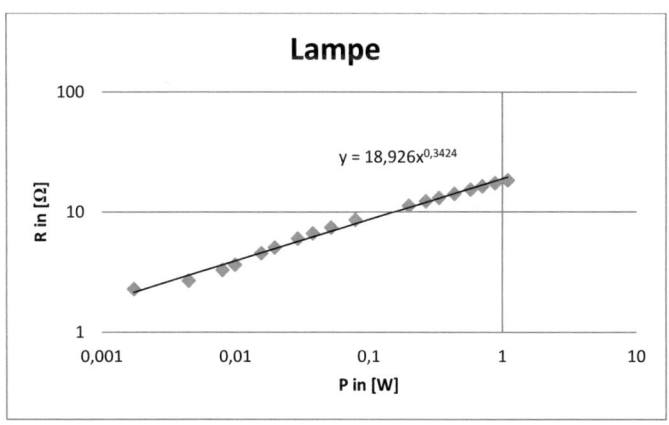

5

Werden kleine Leistungen in dem Glühfaden der Lampe umgesetzt, so ergibt sich auch ein kleinerer Widerstand. Steigen Strom und Spannung, so wird die auch die Leistung größer, wodurch die Lampe erwärmt wird. In Folge steigt auch der Widerstand. Dabei verhält sich der Widerstand wie eine Potenz der Leistung.

7. Zenerdiode

Bei der ersten Messreihe wurde die Zenerdiode (mit 33Ω Vorwiderstand) mit einer Spannung betrieben, die an der Anode positiv gegenüber der Katode war. Sie wurde folglich in Durchlassrichtung betrieben. (Die Trendlinie ist nach dem gleitenden Durchschnitt erstellt worden.)

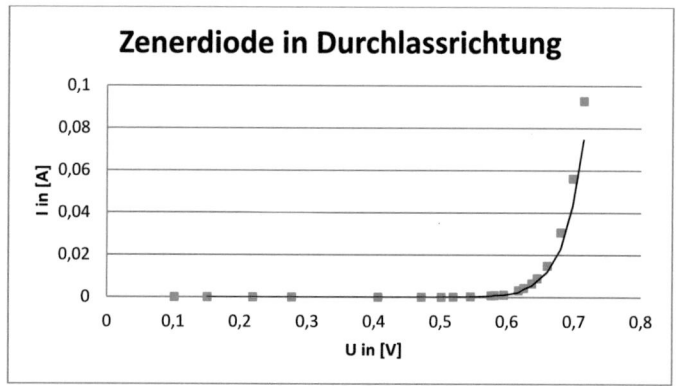

Wie erwartet verhält sich die Zenerdiode in Durchlassrichtung wie eine normale Diode. Bis zu ungefähren 0,6V ist sie sehr Hochohmig, wird dann aber sehr schnell leitend. Der Grund ist, dass die Dotierung der Diode eine Sperrschichtspannung aufbaut, die erst ab dieser Spannung überwunden wird.

Was ein interessantes Phänomen ist, das der Widerstand potenziell von dem Strom abhängt, was gut an der entsprechenden Darstellung zu sehen ist.

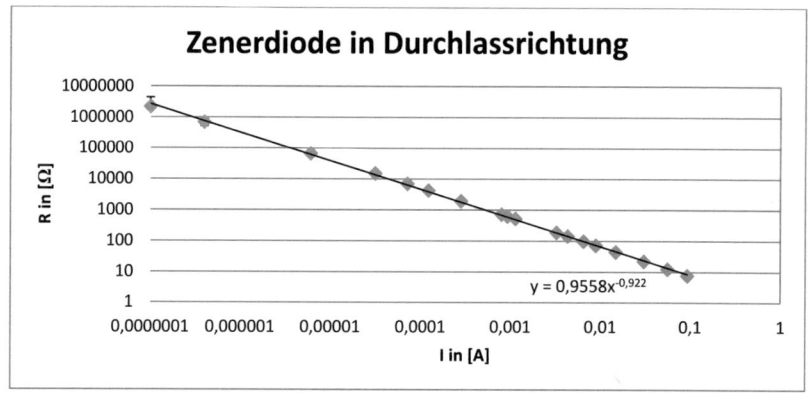

Polt man die Spannung nun (Katode positiv gegenüber Anode) um und nimmt eine weitere Messreihe auf, so ergibt sich folgender Zusammenhang (Es konnte wieder keine passende Trendlinie gefunden werden.):

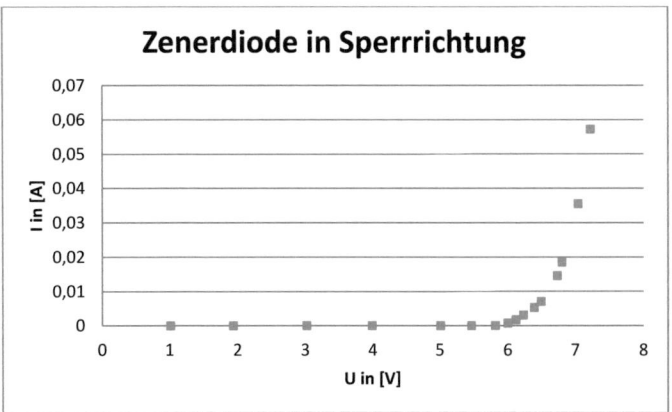

Ähnlich wie bereits in Durchlassrichtung ist die Zenerdiode in Sperrrichtung zunächst nichtleitend, lässt dann aber ab ca. 6V den Strom durch. Genauso wie schon in Durchlassrichtung muss eine durch die Dotierung entstandene Sperrschichtspannung durch eine entsprechende angelegte Spannung ausgeglichen werden, bevor die Diode niedrigohmig wird. Zenerdioden fangen folglich niedrige Spannungsstöße ab, halten dann aber der Schwellenspannung diese auch relativ konstant.

Genauso wie schon in Durchlassrichtung verhält sich die Widerstand-Strom-Kennlinie potenziell:

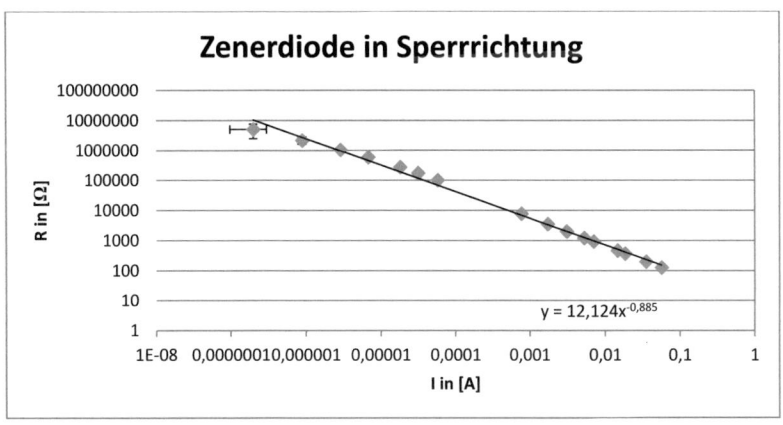

8. Suppressordiode

Die Suppressordiode (genauso betrieben wie im vorherigen Versuch) verhält sich bei negativer und positiver Spannung wie eine Zenerdiode in Sperrrichtung. Den Beweis dazu liefert folgender Graph (ohne Trendlinie):

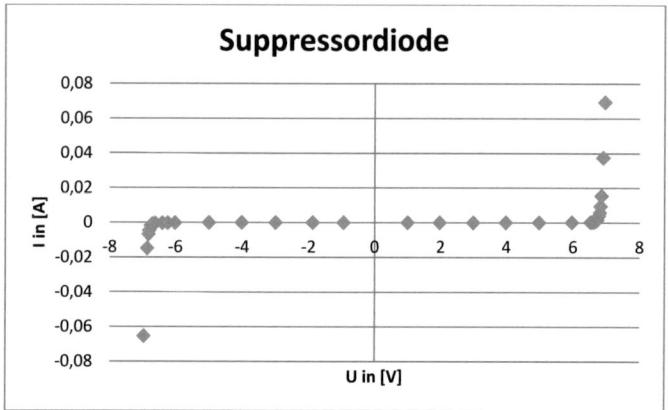

Auch ohne Trendlinie ist leicht zu erkennen, dass sich der Strom-Spannungs-Verlauf der Suppressordiode an x- und y-Achse gespiegelt verhält. Die Gründe für dieses Phänomen sind die gleichen wie schon bei einer Zenerdiode, die in Sperrrichtung betrieben wird.

Der Verlauf des Widerstands ist bei der Suppressordiode gut zu erkennen. Da sich Zenerdiode und Suppressordiode so stark ähneln, sei hier das Verhältnis des Widerstands zur Spannung wiedergegeben.

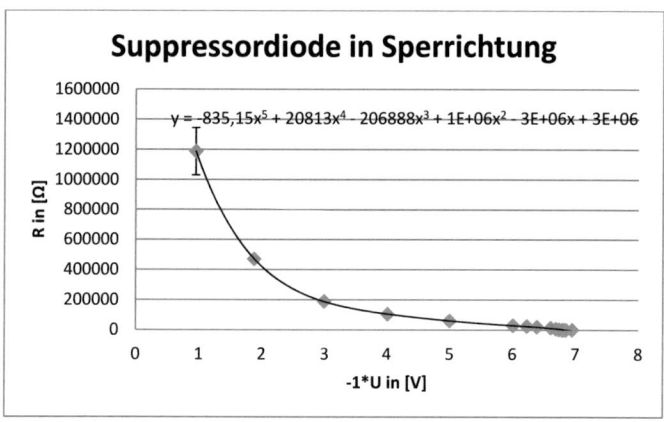

Genauso auch für die Durchlassrichtung:

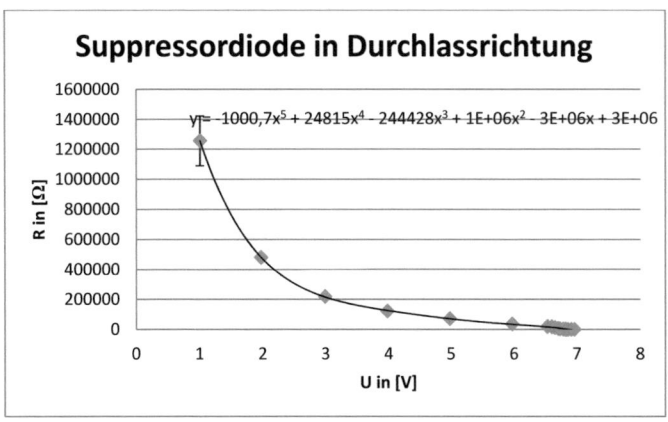

Auch wenn die Trendlinien sich unterscheiden, liegt es nahe, dass sich auch die Widerstandskennlinien an der y-Achse gespiegelt sind. Zumindest verlaufen sie sehr ähnlich.

9. Unbekannte Kombination

Im letzten Versuchsschritt sollte die Kennlinie einer uns unbekannten Kombination von in Reihe geschalteten Bauelementen aufgenommen werden.

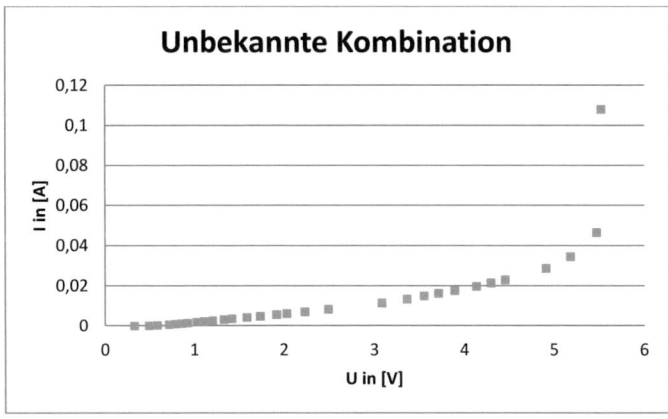

Die Kennlinie hat große Ähnlichkeiten mit der des NTCs. Aber in dieser Darstellung lässt sich dazu noch keine genauere Aussage machen. Vor allem nicht über das weitere Bauteil.

Daher wurden verschiedene Kennlinien im gleichen Diagramm dargestellt und auf Ähnlichkeiten und Ergänzungen untersucht. Der beste Kandidat, der sich daraus ergab, ist eine Kombination aus einer in Durchlassrichtung betriebenen Zenerdiode und einem, wie bereits vermutet, NTC. (Trendlinien nach dem gleitenden Durchschnitt.)

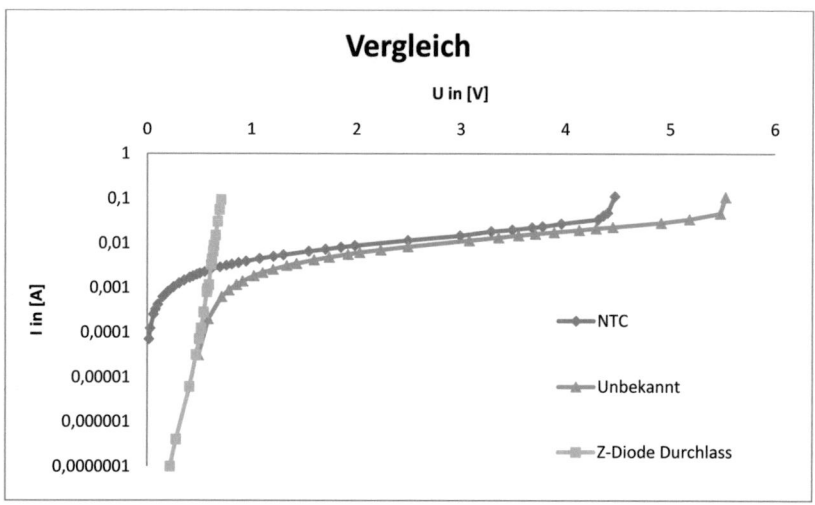

Der erste Teil des Strom-Spannung-Verlaufs gleicht stark dem der Zenerdiode. Sobald dessen Durchlassspannung erreicht ist, nähert sie sich den Werten des NTCs an.

Eine Darstellung des Widerstand-Spannungs-Verlaufs macht die Argumentation deutlicher.

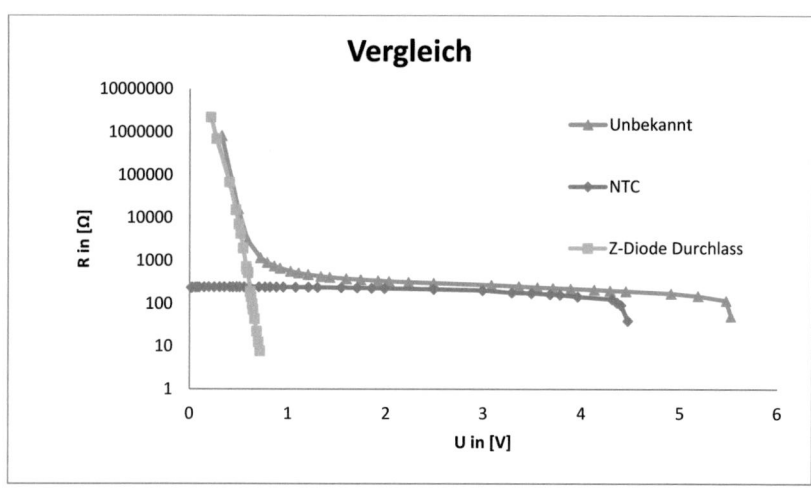

Hier ist die Ähnlichkeit noch viel deutlicher zu erkennen. Wieder hat die unbekannte Kombination zu Beginn der Messung die Charakteristika der Diode. Das heißt, zu Beginn hat die Kombination die Widerstandswerte der Diode (die des NTCs tragen aufgrund des großen Unterschieds nicht viel bei). Sobald jedoch die Durchlassspannung erreicht ist, wird der Widerstand der Diode sehr schnell kleiner und der maßgebliche Widerstand wird durch den NTC- gestellt. Besonders gut ist zwischen 0,7V und 1V zu sehen, dass sich die Widerstände

10

addieren, was bei in Reihe geschalteten Bauteilen auch zu erwarten ist. Jenseits von 1V gleicht die Widerstandskennlinie der Kombination der des NTCs, weil der Widerstand der Diode im Vergleich sehr gering ist.

Der einzige größere Unterschied besteht in dem späten Widerstandseinbruch der Kombination. Die Differenz beträgt ungefähr 1V. Ein Grund ist, dass an der Diode ungefähr 0,7V abfallen, die nun nicht mehr an dem NTC anliegen. Genauso beschränkt der Widerstand der Diode den Strom etwas (Daher ist der durchfließende Strom der Kombination im Strom-Spannungs-Graphen immer etwas geringer als der des NTCs.). Auf diese Weise wird weniger Leistung in einem NTC umgesetzt, der in Reihe zu einer Diode geschaltet ist, als in einem alleine betriebenen. Daher sind höhere Spannungen erforderlich um die für den Widerstandseinbruch benötigte Wärme zu produzieren, was in dem Graphen eindrucksvoll gezeigt wird.

10. Ergebnisse

Insgesamt kann der ganze Versuch als erfolgreich bewertet werden. Durch die verschiedenen Darstellungen konnten die Annahmen verifiziert werden. Außerdem konnte das im Verlauf der Messreihen gesammelte Wissen über die einzelnen Bauelemente beim ermitteln der unbekannten Kombination erfolgreich angewandt werden.

Literaturverzeichnis:

Tkotz, K. (2002) *Fachkunde Elektrotechnik*, 23. Aufl., Haan-Gruiten: Europa Lehrmittel

Werner, U. (2007) *Skript zum Anfängerpraktikum*, Uni Bielefeld